U0394612

我的小小农场 ● 19

画说大豆

我的小小农场 19

画说大豆

【日】国分牧卫●编文　　【日】上野直大●绘画

碧绿的豆荚中包裹着快要成熟的大豆，这个时候适合吃煮毛豆。
大豆虽然近在眼前，却仍有许多不为人知的“秘密”。
栖息于大豆根部的微生物，从空气中汲取养分。
自古以来大豆就与大米形影不离，亲如兄弟……
来吧，开启大豆王国之旅，探索大豆的秘密，更好地认识圆滚滚的大豆吧！

中国农业出版社
北　京

1 大豆就是长在田里的牛肉！

有趣的是，在以米饭为主食的亚洲各国，大豆往往作为菜肴出现在人们的餐桌上。比方说，中国人把大豆做成了豆腐，日本人把大豆做成了纳豆。同样，泰国有豆豉泥，尼泊尔有干纳豆，印度尼西亚有丹贝，这些食物无一例外都是用大豆制成的。另外，还有各种豆腐干、味噌酱、酱油等用大豆制成的食品或调味料，在亚洲各国，这些都是和米饭搭配在一起食用的。这是为什么呢？

用香蕉叶卷起的丹贝

正在晾晒的豆豉泥

用稻草包裹的纳豆

为什么被称为长在田里的牛肉

你听过“三大营养物质”这个说法吗？人类要生存下去，就离不开三种营养物质，即碳水化合物（淀粉等）、蛋白质和脂肪。大豆的营养成分中含有 40% 的蛋白质和 20% 的脂肪。100 克豆腐的蛋白质含量与 1 个鸡蛋的蛋白质含量相当。像大豆这样富含蛋白质和脂肪的农作物极为罕见。正因为大豆是营养丰富的豆类，所以才有“大豆就是长在田里的牛肉”的说法。

大米与大豆是最佳搭档

三大营养物质中，大豆缺少的只有碳水化合物（淀粉）。在亚洲的绝大多数国家，人们都把大米作为主食。大米富含碳水化合物，如果与大豆一起食用，基本上就可以确保人体所需的营养了。因此，不知从什么时候开始，亚洲人就把大米和大豆搭配在一起食用了。

生长在田埂上的大豆

在过去，种植水稻的农户们在水田的田埂上栽种大豆，供自家食用，然后再把吃不完的大豆拿出去卖。就像这样，水稻和大豆如兄弟般共同生长。与水稻相比，大豆更容易腐烂，所以，很难找到大豆的化石。但据说，这两种农作物的人工栽培开始于很久很久以前，大致处于同一时期。

2 驱魔鬼，招福神，可为什么要撒豆呢？

在日本，立春的前一天撒豆驱鬼时，一般都是撒大豆，而不是红小豆、花生等豆类。既然是撒豆，似乎用哪种豆子都可以，可为什么一定要用大豆呢？这是因为，过去大豆是人们餐桌上的主角，只要说起豆子，第一个就会想到大豆。人们的日常饮食离不开大豆，各种仪式活动中自然也少不了用大豆制成的美食。

仪式上的美食

大豆菜肴

你知道吗，人们在新年吃的年节菜里就有大豆。有没有发现泛着光泽的黑色煮豆？对！就是这个黑豆，它其实是大豆的同类。并且，在日本东北部的一些山村，到了女儿节和 5 月传统节日，加入大豆煮成的豆儿饭和炒大豆就会出现在家家户户的餐桌上。另外，在插秧时节，人们还会吃大豆饭、用大豆做的豆汁大酱汤；到了盂兰盆节，在大豆产地，人们会制作豆粉糕、豆类美食和豆腐佳肴。到了秋季，毛豆以及用其制作的毛豆麻糬就成了受人喜爱的赏月美食。

作为**护身符**的大豆

护身符具有驱赶带来不幸的魔鬼的力量。在日本，立春的前一天撒豆也是出于这个目的。然后，在正月头三天的早晨，人们用大豆的茎秆点燃灶火，新年时用形状奇特的大豆装饰壁龛和玄关……诸如此类，人们已经习惯于在方方面面使用大豆。

可以入药的大豆

很久以前,大豆就开始被人们当作药材使用了。10世纪的医书《医心方》中就有记载,出现食物中毒、药物副作用或产后患病、身体浮肿时可饮用大豆汤;脸色不佳时可食用大豆粉(大豆炒制后磨成的粉)。当代研究表明,大豆中含有可预防高血压和糖尿病、抑制癌症或艾滋病发病的物质。过去,人们亲身体验了大豆有益身体健康的特性。正因为人们感受到了大豆的神奇力量,才会把大豆当作护身符,并在仪式活动中吃大豆,还特意在稻田里栽种,甚至在决胜的关键时刻选择吃大豆制成的美食。

3 大豆的叶子喜爱运动

一起来观察大豆叶子一天的活动吧。大豆的叶片在早晨和傍晚呈低垂状态，但在太阳升起后又会立起来。这是为了避免叶子正面受到阳光照射。如果正面受到阳光照射，叶片温度过高，大豆植株就会卷曲。通过这种变化，虽然植株上面的叶片得到的光照减少了，但下面的叶片却不受影响，仍能得到充足的光照。

不喜欢阳光直射的是……

与禾本科植物相比，大豆不喜高温。水稻和小麦等禾本科植物的叶片呈细长直立的状态，而大豆的叶片又圆又大，呈横向展开的状态。所以，在夏季受到炙热阳光的正面照射时，叶片温度就会过高。这个时候，大豆变换叶片的角度，就能躲避夏季的酷热。

让我们一起来观察大豆叶片立起的形态与太阳位置之间的关系。早晚和中午，叶片的立起形态大相径庭。天气晴好时，叶片的活动变化尤为明显。话说回来，叶片是从哪个部位、以哪种方式立起来的呢？（请参阅卷末解说）

天气晴好时

试着抑制叶片的活动

用一张网盖在大豆植株上面，使叶片无法活动，结果会如何呢？触摸叶片，与活动不受限制的叶片进行温度对比。另外，再对比结出的大豆数量。

早晨或傍晚、阴天时

1株大豆**开花** 100朵以上

大豆的花朵很小，要用放大镜仔细观察，呈粉色或白色，十分美丽。不过，也有很多“谎花”，不结果就凋落了。一般情况下，就算开了100朵花，大概只有20朵或30朵能结果。

在开花较多的节点做好记号，数清楚花朵的数量和实际结出的豆荚数量。你会发现，“谎花”数量之多，令人惊讶。

豆粒的成长方式

吃毛豆或大豆时稍微留意一下，豆子的顶部是不是有一条像笑脸的纹路？这里长出像脐带的东西（种脐）连着豆荚，植株通过种脐为豆荚不断输送养分，使豆粒长大。种脐的颜色有黑色、褐色和黄色。

4 大豆魔术师！魔法就是根瘤！

与水稻、麦子、玉米等主要谷物相比，大豆在贫瘠的土壤里也能茁壮成长。这就好比家里的冰箱虽然空空如也，附近也没有超市和餐馆，但我们仍然能够填饱肚子一样。那么，大豆究竟是如何吸收养分的呢？实际上，大豆是一位了不起的魔术师，它靠吸收空气合成养分供自身生长。

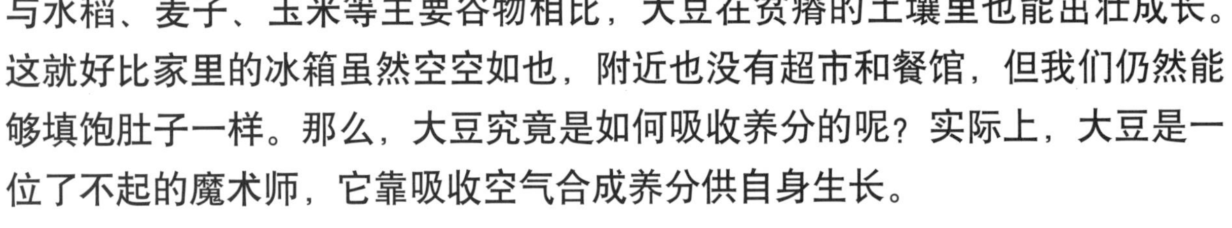

根瘤菌
是大豆的好搭档

许多植物在生长过程中都需要大量的氮元素。通常，这些氮都是由植物根部从土壤中吸收的，但在缺乏氮元素的贫瘠土壤中，一般的植物就无法生长。与其他植物不同，大豆的根部含有一种被称为根瘤菌的细菌，根瘤菌能够吸收空气中的氮并将其转化为养分。可以说，大豆吸收的 50%~80% 的氮都是由根瘤菌合成的。当然，大豆也可以利用光合作用生成养分，并作为回报提供给根瘤菌，构成相互依存的关系，因此我们说，根瘤菌是大豆非常重要的伙伴。大豆发芽后不久根部就会出现粒状隆起，其中便含有根瘤菌。可以在大豆种下大约 2 周后将其拔出，观察大豆的根部。

从空气中吸收氮的根瘤菌

在大家吸入的空气中，将近 80% 都是氮气。所以，对植物来说，没有比从空气中直接吸收氮更棒的事了。遗憾的是，空气中的氮无法直接作为养分被植物吸收，而根瘤菌恰恰可以将空气中的氮转化为植物可以吸收的形态。

大豆需要根瘤菌

不只是大豆，豆科植物（如红小豆、豌豆、紫云英、三叶草等）的根部都有根瘤菌。但是，不论什么根瘤菌都可以起到这个作用吗？答案是否定的。每种豆科植物都有自己固定的搭档，例如，将适合大豆的根瘤菌放到三叶草上，就很难形成根瘤。

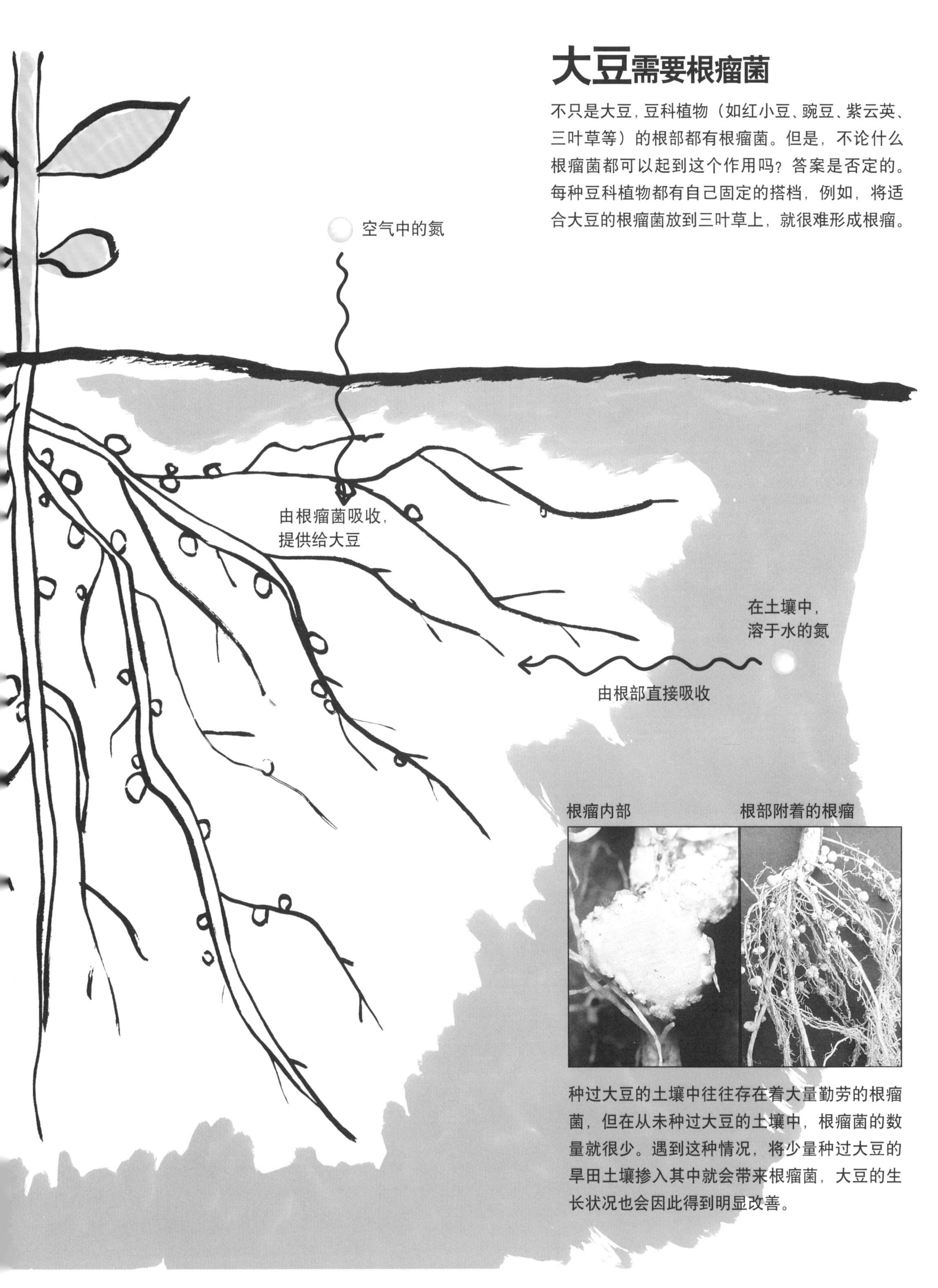

根瘤内部　　根部附着的根瘤

种过大豆的土壤中往往存在着大量勤劳的根瘤菌，但在从未种过大豆的土壤中，根瘤菌的数量就很少。遇到这种情况，将少量种过大豆的旱田土壤掺入其中就会带来根瘤菌，大豆的生长状况也会因此得到明显改善。

5 品种数不胜数

日本早在1000年前就开始种植大豆了。所以，各地都有许多古老的大豆品种。不同品种的用途也各不相同，有豆腐专用、味噌酱专用、煮豆专用和纳豆专用等。

一起来寻找大豆的祖先：蔓豆！

蔓豆被认为是大豆的祖先，在中国、朝鲜半岛以及日本除北海道以外地区的山地和荒地都能发现它的踪影。豆如其名，属于攀援类植物，豆粒较小，豆子的收获量和味道都不如人工培育的品种。但是，蔓豆的同类中也有耐病虫害、富含蛋白质的品种，作为品种改良所需的遗传资源而备受关注。

6 栽培日历

播种时期

日本北海道、东北地区：5 月 ~ 6 月

日本关东地区：4 月 ~ 7 月上旬

日本四国、九州地区：4 月 ~ 7 月

播种后，经过大约 3 周至 1 个月的时间再除草

若直接播种到田里，待长到大约 10 厘米高且叶子长出后，在 2 株之间进行间苗

用网覆盖在植株上面，直到幼叶伸展开

播种 ●・・・・・・・・・・・・・・・・・・・・・・・

栽插 ★—— ——★————

中耕除草、培土

1月 2月 3月 月 5月

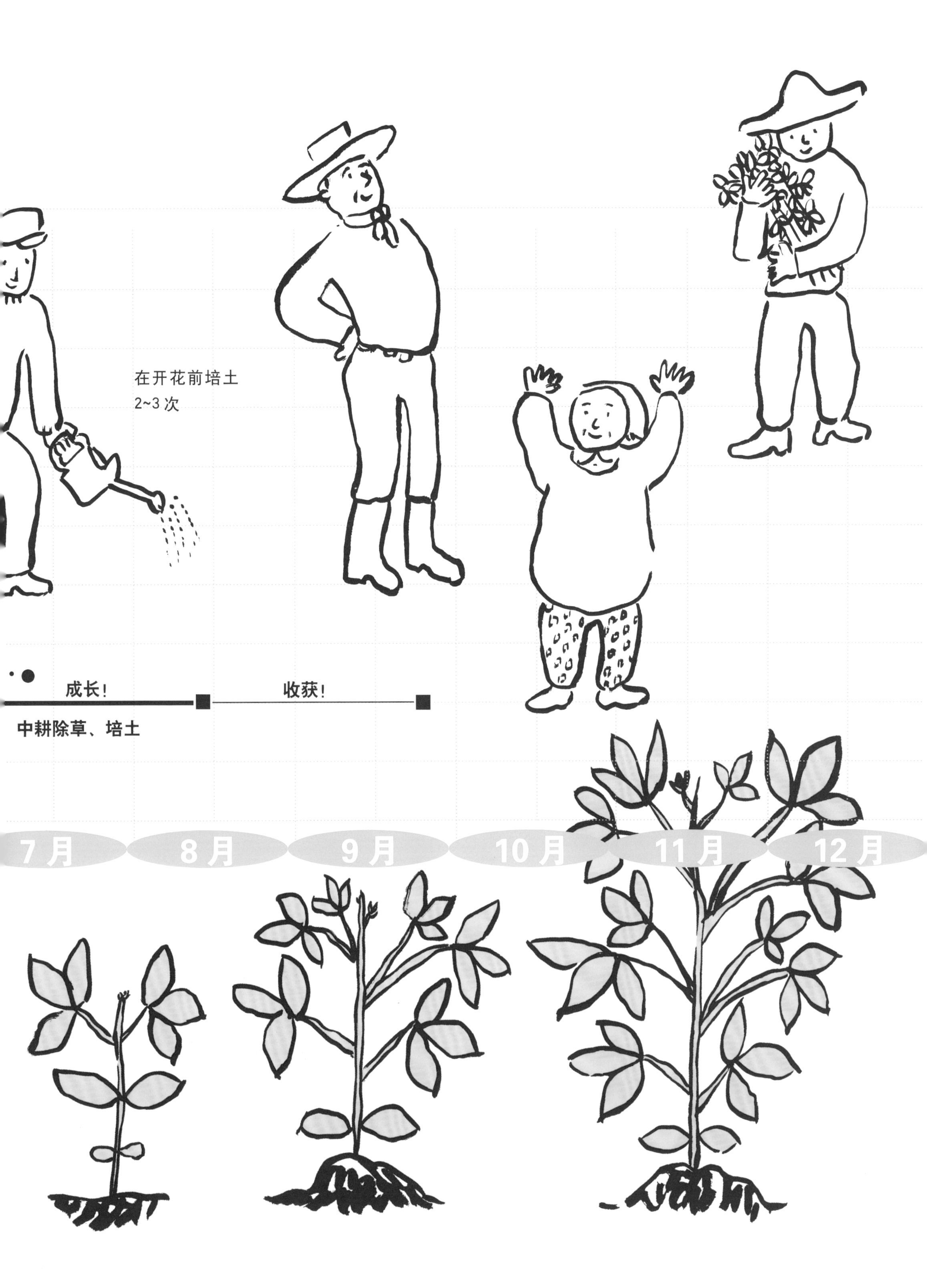
在开花前培土
2~3次
成长!
收获!
中耕除草、培土
7月
8月
9月
10月
11月
12月

7 不管哪种旱田都能种植大豆

在根瘤菌的作用下，大豆在贫瘠的土地上也能种植。但是，如果只有阳光的照射，长出的大豆就像弱不禁风的“豆芽菜”。大家平时吃的豆芽就是在阴暗处用大豆培育出来的。播种的时期正好是多雨的季节，种子或秧苗被水浸泡后就会发育不良。这就需要预先挖好沟渠，尽量使田里的雨水顺畅流出！

基肥
（第一次施的肥料）

如果田地在前一年种植过蔬菜等作物，土壤中仍含有肥料，那就无需施基肥了。但如果土地比较贫瘠，就可以选择含3%氮元素的化肥（氮：磷：钾 =3：10：10），按每平方米50~100克的标准施肥。当然，也可以用堆肥代替化肥。

整地和播种

不要太早翻土，否则土地会变硬，宜在播种的前几天翻土。

1. 翻土深度为20厘米左右。
2. 撒上石灰，与泥土充分混合，同时尽可能把土弄碎。这样做可以让种子的发芽时间较为一致。
3. 按照60~70厘米的间隔，挖出深20~25厘米的垄沟。
4. 将肥料撒在垄沟内，并回填泥土。
5. 回填后，按照10~20厘米的间隔，在每处撒下3~4颗种子。每颗种子间隔1~2厘米。
6. 播种完成后，盖上3~4厘米厚的土。
7. 土壤如果特别干燥，就用喷壶适当浇一点水。
8. 幼叶伸展后，每处只留2株叶片大、茎秆粗的大豆，余下的都用剪刀从贴近地面的位置剪掉。

在附近的花店或网上出售蔬菜种子的店铺就能买到大豆种子。

如果选择的是没有种植过大豆的田地，为了增加根瘤菌的含量，建议掺入少量种植过大豆的田地的泥土。如果身边没有这种土，可以请农户帮忙提供一些。

选择日照充足的田地
选择排水顺畅的位置
60 ~ 70 厘米
确保间苗后的间隔为 10~20 厘米。
在农协等处购买的种子都经过了杀菌处理，所以完成播种后一定要记得洗手哦。
避免在下雨后播种。如果在土地潮湿时翻弄，干燥后容易像黏土一样变硬，导致大豆无法发芽。

8 注意！大豆的嫩芽是鸽子的美餐！

“好不容易发了芽，又被鸽子吃了！”这种事很常见，毕竟鸽子起得早，小朋友们还在呼呼大睡的时候，鸽子就把嫩芽吃光了。刚发出的新芽（子叶）露出了大豆真容，而且，新芽吸收了适当的水分后会变得鲜嫩，正是鸽子喜爱的美餐。建议大豆发芽后一周左右在田里拉网，或在别的地方育好苗后再移栽到田里。平常惹人喜爱的鸽子，这个时候却有点儿招人讨厌呢。

育苗

在鸽子比较多的地方，建议先在其他地方（田边或花盆里都可以）育苗，然后再移种到田里。在花盆里育苗，建议也使用田里的泥土或育苗专用泥土。每处放1颗种子，种子之间相隔3~4厘米，再轻轻地撒上一层土。用网眼孔径2~4厘米的网覆盖在田地或花盆上，这样鸽子就吃不到嫩芽了。从发芽到幼叶展开的这一周前后，需要多加留意哦。

移栽

幼叶展开后，鸽子就不再吃了，这时便可移栽到田里。

1. 如果在早晨和中午移栽，幼苗容易枯萎，所以选择在傍晚栽下后浇水。
2. 肥料和垄宽的要求，都与直接种在田里的时候一样。
3. 每处分别移栽1株。

防鸽杯

在透明的塑料杯底戳一个洞，再把杯子倒扣在新芽上，这样鸽子就吃不到新芽了。

中耕除草、培土

大豆播种后 3 周到 1 个月左右，幼苗周围会长出很多杂草，此时要在田垄之间翻土耕地，除去杂草，让空气进入泥土中（这一步叫“中耕除草”）。接下来，把土拢到植株的底部（这一步叫“培土”），有助于根的大量生长，使植株不易倒伏。开始开花前、长出 6~7 片真叶时，把土拢到即将盖住子叶的程度。等植株长高长大后，再一次在田垄间翻土耕地，把土拢到植株的底部，直到要盖住幼叶节点的程度。在大豆长大之前，除草 2~3 次。

浇水

即使把大豆种在田里，雨水少的时候，也要给大豆浇水。

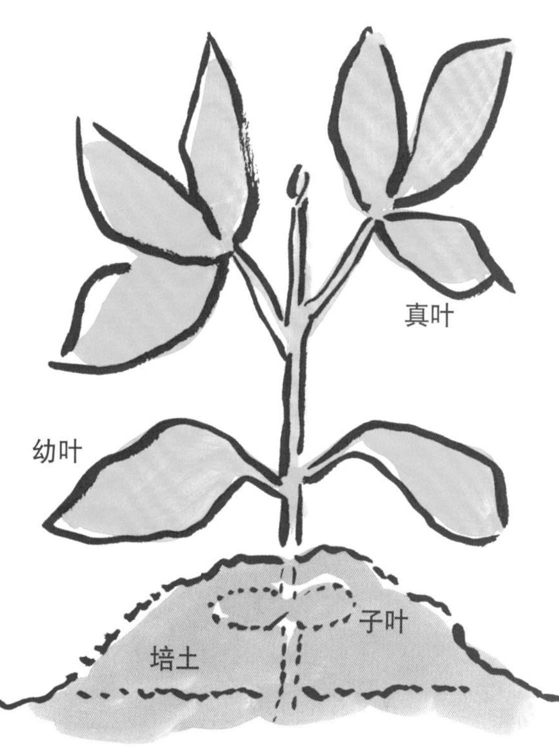

9 神奇的大豆在开花前也能完成授精

大豆在同一朵花中进行雄蕊和雌蕊的授精，开花时已经完成了受粉。跟大豆一样，稻花开花时也完成了受粉。不过，水稻几乎都会结果且成熟，而大豆 70%~80% 的花都是不结果就凋落了。另外，在寒冷的季节或温室内培育时，大豆不开花也能直接完成受粉。没有借助昆虫或风的力量，大豆是如何完成受粉的呢？

观察
花朵内部……

1 枚雌蕊被 10 枚雄蕊包围在中间，快要开花时，雄蕊就撒出花粉。因此，等到花开时，大豆早已完成了受粉。

1 朵花有 5 片花瓣

毛豆的收获时机

毛豆是指大豆尚未完全成熟的鲜嫩果实。豆荚呈饱满状态时，差不多就可以吃了。采摘时间大概是在花期过后1个月左右。有人爱吃软毛豆，也有人爱吃硬一些的，可根据个人喜好，选择收获时机。

收获方法

将大豆整株拔起后，摘下豆荚。如果植株较少，又不需要全部收获，那就想吃多少就摘多少个豆荚。

10 没有农田也能种出大豆

如果光照充足，在楼顶或院子里用花盆栽培或袋装栽培的方式也能种出大豆。接下来，一起挑战稍有难度的水耕栽培吧。

用这种方法甚至还能种出毛豆呢。而且最有趣的是，可以观察根部的根瘤。根部的粒状隆起中含有根瘤菌。

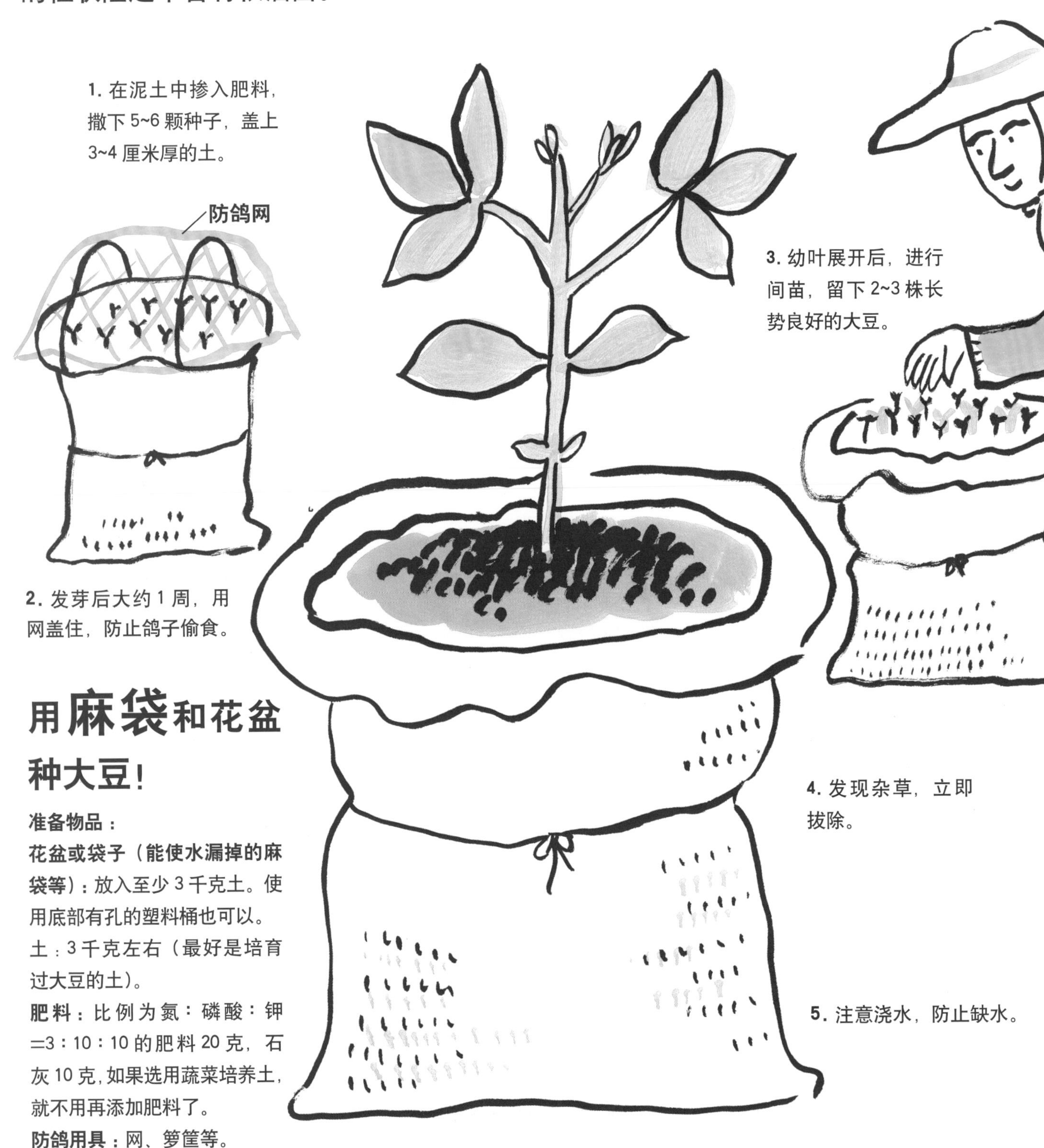

用麻袋和花盆种大豆！

准备物品：

花盆或袋子（能使水漏掉的麻袋等）：放入至少3千克土。使用底部有孔的塑料桶也可以。

土：3千克左右（最好是培育过大豆的土）。

肥料：比例为氮：磷酸：钾=3：10：10的肥料20克，石灰10克，如果选用蔬菜培养土，就不用再添加肥料了。

防鸽用具：网、箩筐等。

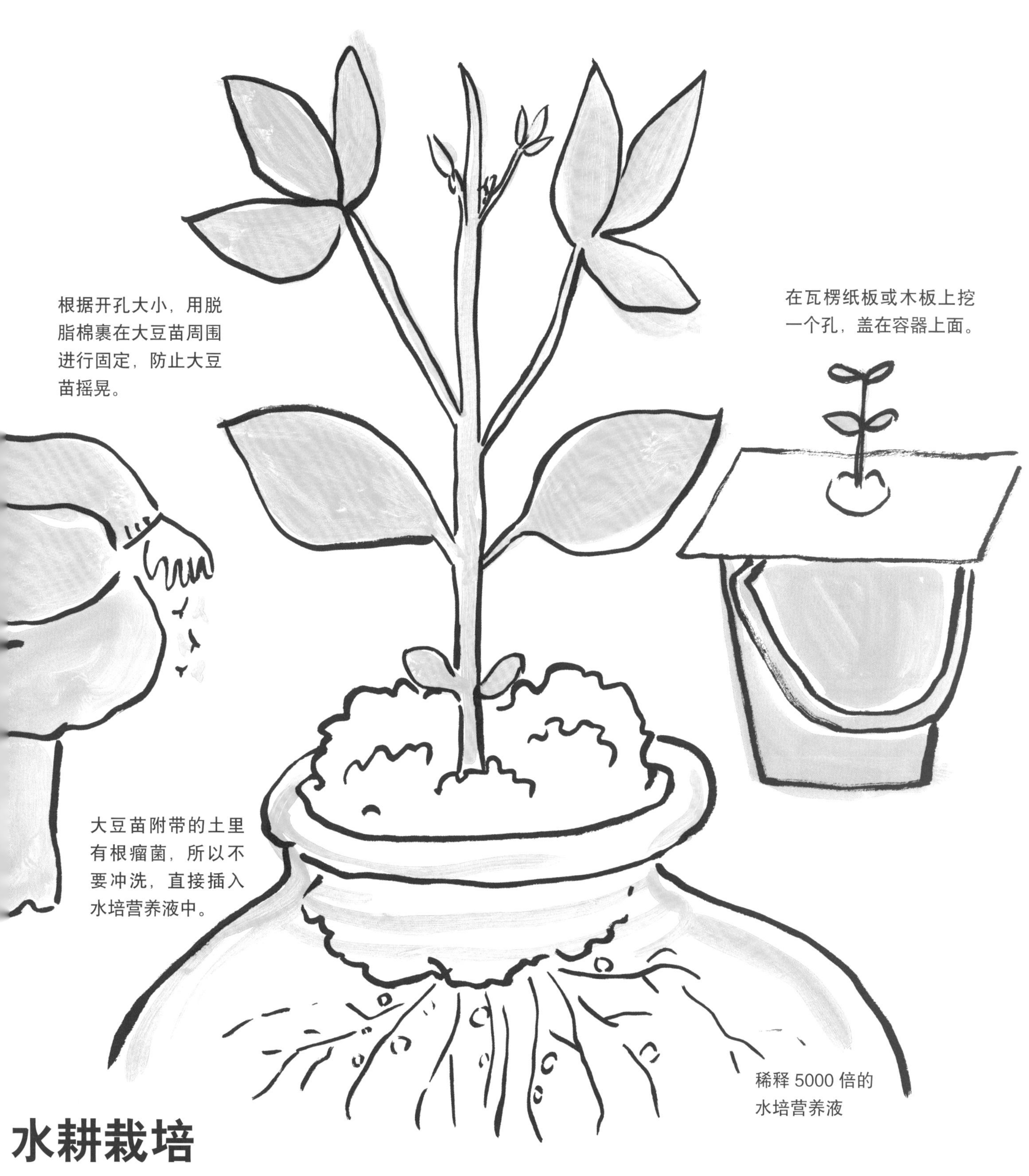

水耕栽培

1. 为了让根部附有根瘤菌，将种子撒到培育过大豆的土壤里进行育苗。
2. 长出幼叶后，向容积为 3 升的广口瓶中倒入水培营养液，培育 3~4 株苗。使用市场上出售的园艺液肥（氮：磷：钾 =5：10：5 等），加水稀释 5000 倍制成水培营养液。
3. 长出 4~5 片真叶后，选出 2 株左右长势良好的大豆，移栽到容积为 10 升的塑料桶中。

＊开始阶段，每周将水培营养液全部更换 1 次。
＊长出 5~6 片叶子后，每 3 天更换 1 次水培营养液；开花时，则每天更换水培营养液。使用养金鱼的氧气泵，向水培营养液中注入空气，使根部健康成长。根部也在呼吸！
＊如果叶子的颜色偏浅，就逐渐提高水培营养液的浓度。

11 从毛豆到大豆，还得加把劲儿！

首先，种植大豆的过程中有几个不得不防的天敌，其中包括在大豆发芽时偷吃种子的种蝇白蛆、偷吃子叶的鸽子和雏鸡。大豆苗再长大一些就不用这么担心了，不过，待结出毛豆时，还有椿象和斜纹夜蛾偷喝豆子里的美味汁液、啃食大豆的叶子。发现害虫时应立即除掉虫子。采用无农药栽培，好不容易结出了毛豆，但是在长成大豆前，仍会被椿象吃掉不少呢。

还有些豆子可能长成这样。各种**损伤粒**：

有紫色斑点的豆粒

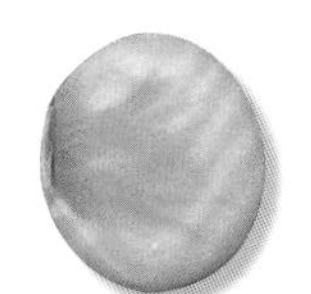
变成褐色的豆粒

被虫子咬过的豆粒

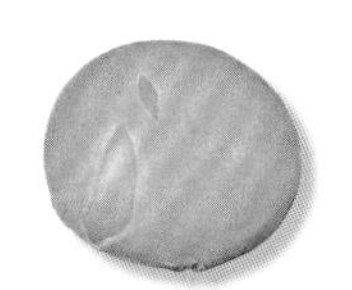
外皮破裂的豆粒

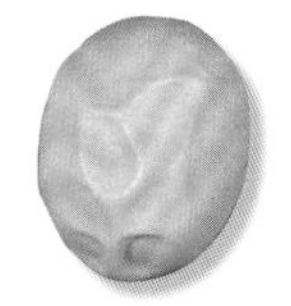
皱巴巴的豆粒

脏兮兮的豆粒

变质的豆粒

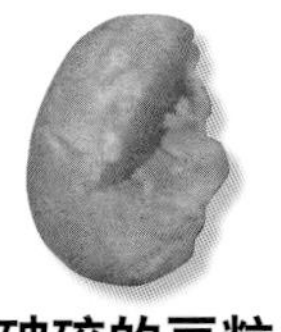
破碎的豆粒

发育不良的豆粒

种蝇幼虫

它们会吃掉还没发芽的种子。遇到这种情况，使用新土育苗，重新栽种就可以了。

鸽子、雏鸡

它们吃大豆的子叶。不要直接撒种子，而是先育苗，待幼叶展开后再移栽。

椿象、斜纹夜蛾

按先后尽快除掉虫子。

黑须稻绿蝽

点蜂缘蝽

斜纹夜蛾

大豆的收获时机

叶子掉落、豆荚变成褐色时，就可以收获大豆了。轻轻晃动豆荚，可以听到里面有哗啦哗啦的响声。

收获方式

1. 将大豆整株拔起，将几株扎成一捆，根部朝下竖立着放在淋不到雨的地方，在阴凉处晾干。如果在多雨的季节收获，将采摘下来的植株吊在房檐下或有屋顶的地方晾干。
2. 晾到豆荚自然开裂，天气晴好时需要 4~5 天，阴天需要 1~2 周。
3. 待植株干燥后，用脚踩、棍棒敲打或手剥等方式，让大豆脱离豆荚。如果发现混有异物或病害虫，应及时除去。

12 享用美味的毛豆和毛豆麻糬

尚未完全成熟的大豆可作为毛豆食用，完全成熟后作为大豆收获，并加工成豆腐、豆瓣酱等各种食物。下面先介绍几种用毛豆做成的美食。不过，都是一些非常简单的食品。这是因为，刚摘下的新鲜大豆只用清水煮一下，就足够美味了。

煮毛豆

最简单也足够好吃的做法。

1. 到田里挑选豆荚充分饱满、豆粒滚圆的毛豆摘下。
2. 用清水洗净毛豆，并煮一锅开水。
3. 水开后，按每升水中加入 1 大茶匙的比例放入食盐，然后放入毛豆后煮 10~15 分钟。
4. 挑一个毛豆尝一下，如果已经变软，就用笊篱捞出，在表面撒上少许食盐。趁热吃味道最鲜美，如果是夏天，放入冰箱冷藏后再食用也很美味。

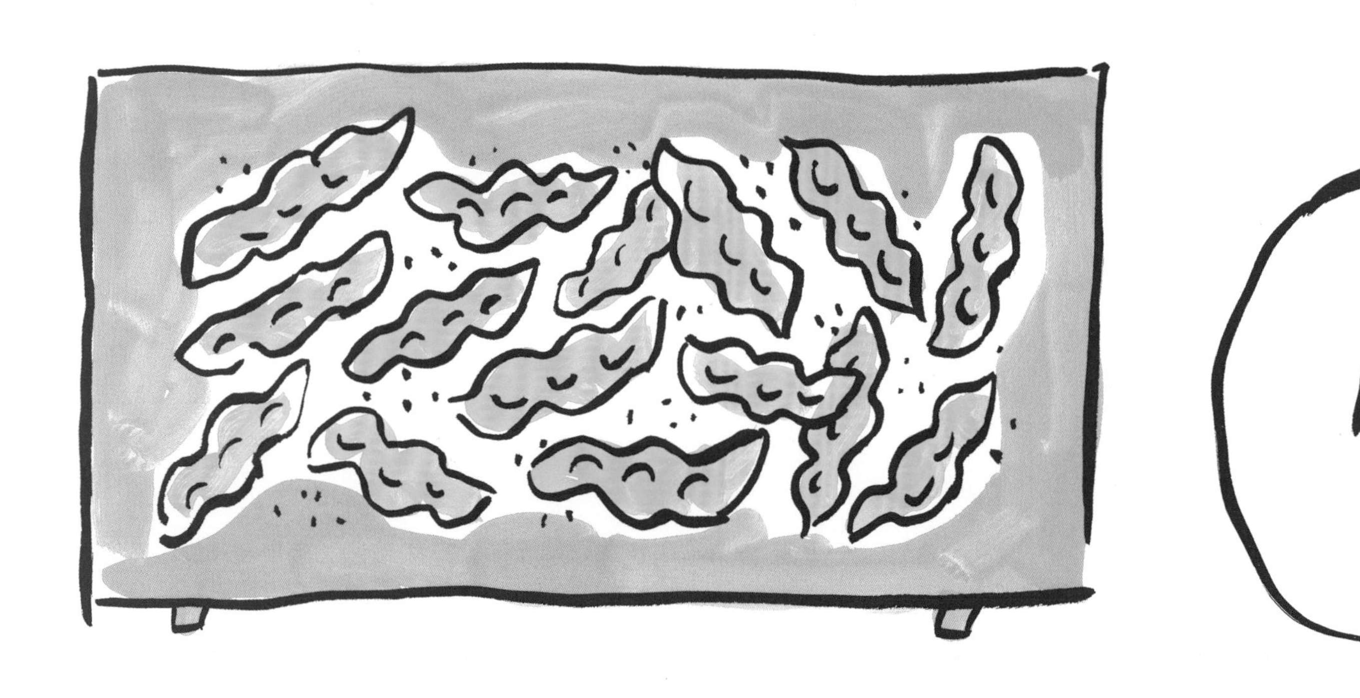

毛豆麻糬

如果还有没吃完的煮毛豆，可以尝试这种做法。

1. 将豆粒从豆荚中剥出。
2. 用研钵将豆粒磨碎，添加砂糖。
3. 煮一锅开水，放入年糕继续煮。
4. 年糕变软后，捞出沥水，将步骤 2 的碎豆粒撒在年糕上食用。

这是一道简单易学、谁都可以做的美味点心。

大豆粉

将大豆放入浅砂锅等容器里充分烘烤后，用电动咖啡豆研磨机把大豆磨成粉，大豆粉就做好了！

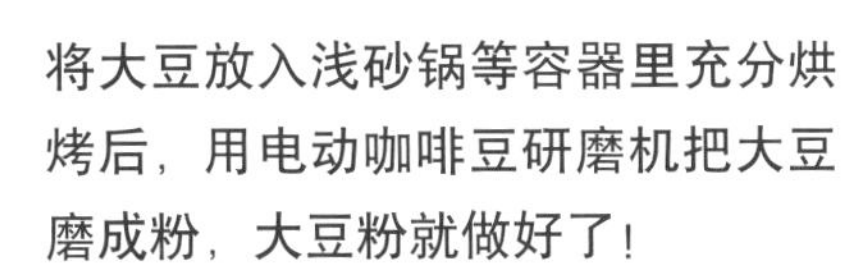

13 豆腐的美味比煮豆更胜一筹

说起大豆的吃法，除了水煮，还可以加工成豆腐、味噌酱和纳豆等更加美味的食物，同时也更易消化。煮豆与豆腐、千张相比，豆腐和千张的易消化程度相当于煮豆的近 2 倍。就像欧洲人经常喝牛奶一样，亚洲人很早以前就开始经常喝豆浆了。

使用天然盐卤制作
豆腐

说起用大豆做的经典美食，非豆腐莫属。毕竟有人开店专门做豆腐呢。做好豆腐并不容易，不过值得一试。

1. 将大豆洗净，用清水浸泡一个晚上（冬天则要浸泡一天）。

2. 大豆充分吸收水分后，再添加 5~6 倍的水，放入搅拌机内磨碎。

3. 将步骤 2 的碎大豆倒入锅内，再添加2~3倍的水后，放到火上煮。为防止锅底烧糊，期间要一直搅拌，煮开后接着用文火再煮 8 分钟左右。

4. 关火后，将煮好的大豆倒入漂白布袋，将豆浆挤到碗内，注意不要被烫伤。

5. 待豆浆温度降到 70~80 摄氏度后，加入盐卤（参阅卷末解说）。盐卤用量大约为大豆泡水前重量的 5%。向盐卤中加水使盐卤溶解，然后一边搅拌一边倒入豆浆中，豆浆逐渐凝固。

千张的制作方法

1. 向锅内倒入豆浆，添加少许面粉和食盐，用文火煮 1 小时左右。

2. 待豆浆表面形成一层薄膜后，用竹筷挑起薄膜，平铺在金属网上晾干。重复以上操作若干次。

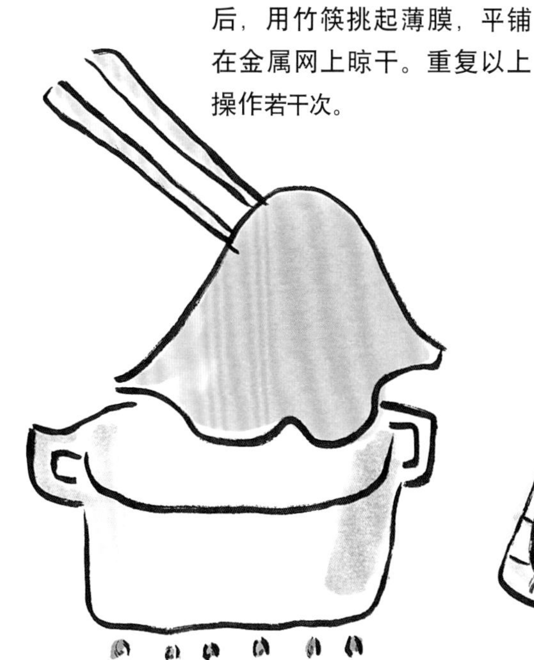

将做好的千张放到汤汁里食用！

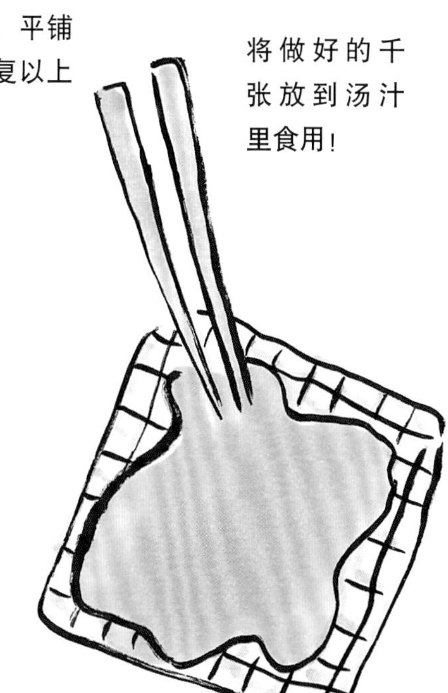

6. 将布铺在模具（四面都是小孔的模具盒）内。如果没有模具，用笊篱也可以。

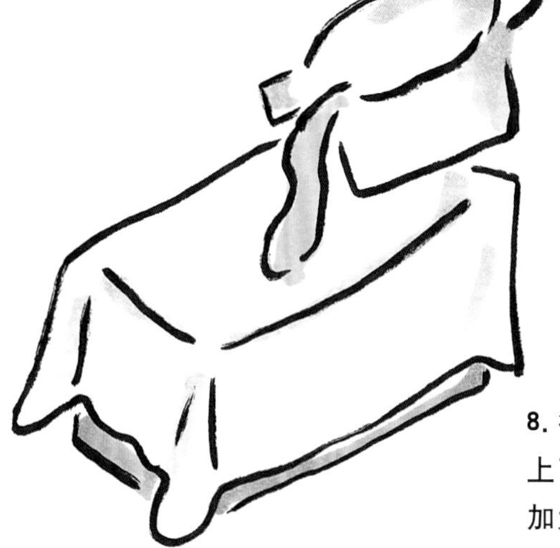

7. 将步骤 5 中豆浆的澄清液去掉，然后将沉淀部分倒入模具中。

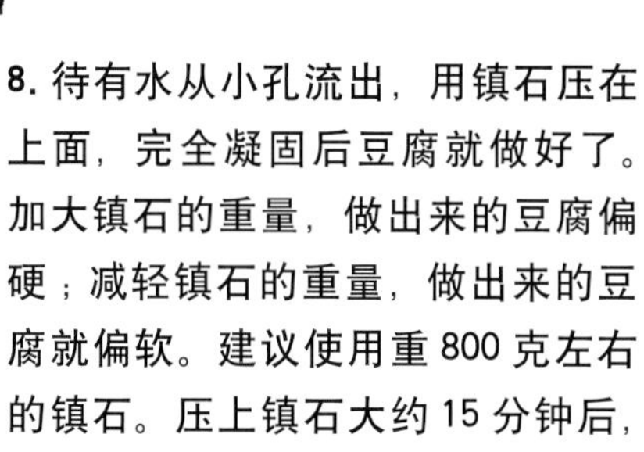

8. 待有水从小孔流出，用镇石压在上面，完全凝固后豆腐就做好了。加大镇石的重量，做出来的豆腐偏硬；减轻镇石的重量，做出来的豆腐就偏软。建议使用重 800 克左右的镇石。压上镇石大约 15 分钟后，一边用水冲洗一边取出豆腐。

14 大豆的顽强生命力令人叹服！

大家久等了，下面我们开始做实验吧。实验方法略显粗糙，就是剪断大豆中间较粗的茎秆。然后会怎么样呢？还能够正常结出果实吗？还是会干枯萎缩呢？剪切的时间不同，结果也各不相同。大豆与根瘤菌共生，在荒地上也能生长，所以一定没问题！……你是不是这么认为的？那么，先来做个实验吧。

缺少了**母体（主秆）**，幼体（分枝）也能生长

在大豆苗成长的各个不同的时期剪断主秆，观察分枝的生长情况。

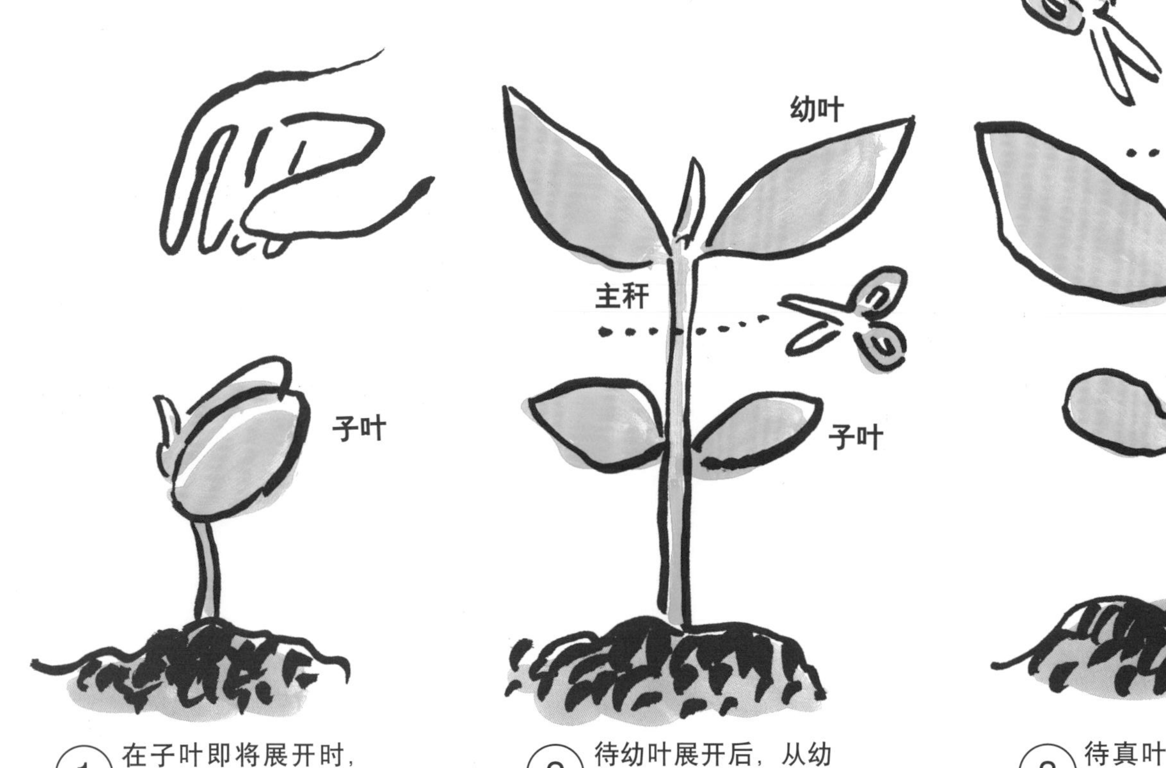

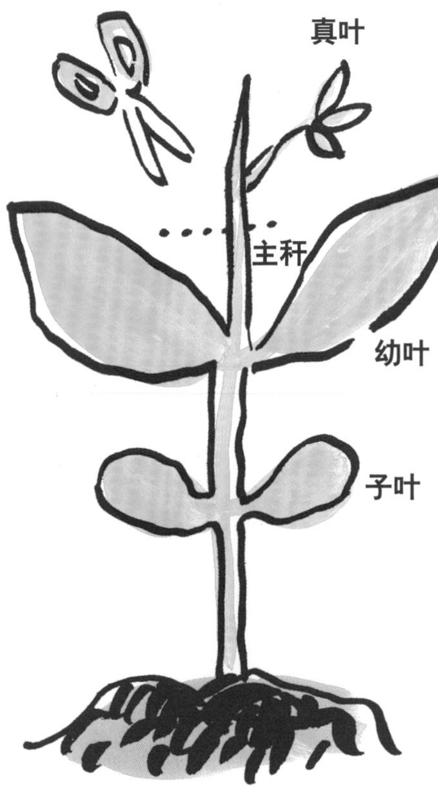

① 在子叶即将展开时，用手摘下子叶。

② 待幼叶展开后，从幼叶下方剪断主秆

③ 待真叶展开后，从真叶下方剪断主秆。

除大豆以外的植物，在剪断主秆后也会长出分枝或分蘖，但一般都没有主秆的长势好。然而，大豆的主秆被剪断后，分枝的长势丝毫不输主秆。不过，如果在刚发芽后就摘掉子叶（种子），大豆的生长就停滞了。也就是说，在子叶长出后、幼叶长出前的这段时间，大豆是依靠种子的营养生长的。幼叶长出后，通过叶子进行光合作用，或通过根部吸收营养和水分，就可以凭借自身的力量生长了。

大豆会一直开花吗？

开始开花后 1 周左右，将 1 株大豆上的花朵和花蕾全部揪下来。有趣的是，过了 1~2 周后，又会长出新的花蕾，开满了花。即使剪断主秆、摘掉花，大豆仍然可以茁壮成长。大豆的生命力可真是顽强啊！

15 从亚洲走向世界的农作物

据说，早在距今 5000 年前，中国人就开始种植大豆了。之后，大豆传播到周边的亚洲国家。亚洲种植大豆的历史悠久，但现在的大豆主要产地却是美洲。北美洲的大豆种植量在进入 20 世纪后逐步增加，而南美洲则是在大约 30 年前才开始正式种植大豆。今天，美国、巴西、阿根廷、中国是世界排名靠前的大豆生产国。

酱油
是世界的宠儿

酱油在亚洲是最具代表性的调味品，除了中国，还有很多国家都使用酱油。全世界的人都知道酱油的鲜美，所以，在纽约或悉尼等地的超市里也能买到酱油。

用作食用油

人们的日常饮食少不了油炸食品、色拉调料以及食用油。食用油是用大豆、玉米、葵花子、油菜籽等榨取出来的，其中以大豆油最为常见。从世界范围看，大豆大多用于榨油。另外，大豆榨油后剩下的豆饼还可用作肥料（油渣）或家畜饲料。

受到**全世界**关注的大豆

在过去几乎从未种植过大豆的非洲和印度，近年来大豆的种植量也开始增加。与谷物和豆类相比，肉类价格较高。因此，人们开始关注营养含量几乎等同于牛肉的大豆，并开始种植大豆。

大豆油还被用于制作**油墨**

你知道吗？大豆还能用来生产印刷用油墨呢。相比于以石油为原料生产的油墨，大豆油墨更易于自然降解，对环境影响较小。此外，用大豆油作燃料的汽车或许就要问世了。与汽油相比，大豆油具有不污染空气的优点，如果能实现的话真是太好了。

详解大豆

1. 大豆就是长在田里的牛肉！（P2–P3）

与其他农作物相比，大豆富含优质蛋白质和脂肪。而大米等农作物中的优质淀粉含量高于蛋白质和脂肪，因此，大米与大豆制品一起食用，可帮助人体均衡地摄入三大营养物质。

泰国的豆豉泥、尼泊尔的干纳豆、印度尼西亚的丹贝等，都是与日本纳豆同宗同源的发酵类食品。豆豉泥是将煮好的大豆放在篮筐里发酵2~3天后磨碎，做成像薄脆煎饼一样的形状，再置于阳光下晒干而成。干纳豆是将煮好的大豆稍加研磨，然后用香蕉叶卷起来发酵制成的。像日本纳豆一样，干纳豆也有丝状物产生。豆豉泥和干纳豆均被用作制作咖喱等的食材。丹贝与干纳豆一样，是将煮好的大豆用香蕉叶卷起来发酵制成的，常见的吃法是油炸或水蒸。

大豆发酵成像纳豆一样的状态后，更易于消化。在日本西部，很多人不愿意吃纳豆，但将纳豆做成寿司或放入大酱汤中就比较容易接受了，建议你也试试看。

农民经常在水田的田埂上种植大豆，大米和大豆如兄弟一般共同成长，并一起出现在人们的餐桌上。

2. 驱魔鬼，招福神，可为什么要撒豆呢？（P4–P5）

过去，很多人都会在家自制豆酱。仅从豆酱、酱油等调味料来看，就能发现大豆是中国人日常饮食中不可缺少的重要食品，难道不是吗？虽说如今人们的饮食习惯有西化的倾向，但仍然还在食用豆瓣酱、豆豉酱，做菜时仍然少不了酱油，不是吗？

大豆也是日本人日常饮食中不可或缺的食材，也是日本各种仪式活动等重要场合的常客。日本立春前一天的撒豆、正月吃的年节菜、插秧时节祈愿丰收的大豆供品、赏月时的大豆供品……俗话说“吃大豆保健康”，据说，在年节菜里加入黑豆，是源自人们祈祷身体健康的愿望，最重要的还是大豆制成的食品具有营养丰富、品种多样等特点，正是这些特点赋予了大豆“驱魔避邪”的力量。

3. 大豆的叶子喜爱运动（P6–P7）

大豆的叶子大致分为子叶、幼叶、真叶。子叶和幼叶为对生，然后从第3个节点向上，有3片小叶的真叶为互生。3片小叶为1组，构成1片叶子。

傍晚软绵绵地下垂，早晨又精神百倍地立起来，每天做这种运动的就是真叶。真叶的运动包括每片小叶下垂闭合的运动和真叶整体下垂的运动。这种叶子的运动叫做“睡眠运动”和“调位运动”。

仔细观察叶子和茎秆紧贴在一起的部分，就会发现3片一组的真叶的叶柄根部略微鼓起。鼓起的部分叫叶枕。3片小叶的根部也有小叶枕吗？正是叶枕负责叶子的运动。例如，动物通过肌肉的拉伸或收缩，可以伸展或弯曲手臂。换作大豆，叶枕内的液压升高时，叶子展开或茎秆立起。通过调节液压可使叶子面向太阳，调节角度则可以避免阳光的过度照射。

在实验中，通过干扰调位运动，观察光合作用等生命运动会受到什么影响，说不定很有趣呢。不知道能否得出想要的结果……

4. 大豆魔术师！魔法就是根瘤！（P8–P9）

大豆与根瘤菌共生，可以将空气中的氮元素转化为肥料，所以，只用少量肥料大豆就能茁壮成长。因此，种植大豆时，直接让大豆融入泥土，就能生成肥料，使土壤变得肥沃。不过，与其他农作物相似，待收获大量的大豆后，土壤培育农作物的力量就会逐渐减弱（逐渐变得贫瘠）。

不只是大豆，紫云英、葛、香豌豆、合欢等豆科植物都通过与根瘤菌共生，吸收空气中的氮元素用于自身的生长和生存。最终，这些氮元素在豆科植物枯萎后就留在了旱田的土壤里。因此，种植过紫云英和大豆等豆科植物的旱田土壤里含有大量可作为肥料使用的氮元素。这就有助于积累或增强旱田的土地肥力（培育农作物的力量），在耕种旱田的轮作体系（在同一块旱田里规划组合种植哪些农作物）中，麦子和玉米都是不可或缺的农作物。

根瘤菌在没有与大豆共生时，无法吸收空气中的氮元素，因而依靠吸收溶于土壤的氮化合物生存。根瘤菌与大豆共生时，可吸收更多的氮元素，形成更多的根瘤菌。

有趣的是，豆科植物与根瘤菌分别都有固定的伙伴。大豆有大豆根瘤菌，蚕豆有蚕豆根瘤菌，豌豆有豌豆根瘤菌，等等。在我们身边，长在路旁的各种草中就有野豌豆、三叶草、紫云英等豆科植物，要不要找出来观察一下它们的根部？看看到底附着了什么样的根瘤？

5. 品种数不胜数（P10—P11）

全国各地都能种植大豆。在不同地区，都有适合当地气候环境的大豆品种，可以向农协或附近的农户了解一下，所居住的地区适合种植什么品种的大豆。

蔓豆是野生的大豆。在日本除了北海道，各地的山地和原野都能找到蔓豆的身影，你一定要找找看。建议在9月份去找，那个时候正是种子形成的时期，比较容易发现。蔓豆与大豆的不同之处就是依靠藤蔓缠绕生长，叶子等部位的样子长得和大豆一样。

6. 栽培日历（P12—P13）

按照大豆种植季节，品种大致可分为3种，即3月至5月播种、7月下旬至8月中旬左右收获的夏大豆（早熟品种）；6月下旬至7月上旬播种、10月下旬至11月期间收获的秋大豆（晚熟品种）；以及5月至6月播种、9月至10月收获的中熟品种。

建议大家查一下自己种植的大豆属于哪个品种，然后制定种植计划，按计划来种植。

7. 不管哪种旱田都能种植大豆（P14—P15）

如果用堆肥代替化肥，需要注意不要使用未腐熟堆肥（未能充分发酵，尚未完全成为堆肥的状态），应使用腐熟堆肥。如果使用了未腐熟堆肥，会滋生牛蝇，这样的话大豆的种子就不能用了。

使用化肥时，要选择含氮量少、以磷和钾为主的化肥。建议按每平方米氮：磷：钾 =3：10：10 施肥。选择氮、磷、钾各占3%、10%、10%的化肥（3—10—10）施肥100克，恰好就是这个分量。

8. 注意！大豆的嫩芽是鸽子的美餐！（P16—P17）

到幼叶要展开的时候，鸽子就不会再来偷吃了，因为此时大豆为了成长要使用子叶（大豆种子直接发芽长成的部分）中的养分，而子叶则会逐渐枯萎。并且，当幼叶展开后，鸽子就没有那么容易偷吃了，不是吗？

9. 神奇的大豆在开花前也能完成授精（P18—P19）

大豆花在绽放时就已经完成了授粉，如果是为了培育新品种而进行人工授粉，就比较麻烦。人工授粉是指在某一品种的花的雌蕊上，人工添加其他品种的雄蕊花粉，由此培育出兼具两种性状的新品种。对大豆进行人工授粉时，必须在开花前用镊子除去花瓣和雄蕊，然后将其他花的花粉撒在雌蕊上。

大豆的花朵很小，而且晴天早晨的花粉量较大，所以，人工授粉需要选在炎热的天气里进行，这非常考验人的耐力。

10. 没有农田也能种出大豆（P20—P21）

根瘤菌无法适应氮肥？在水耕栽培使用的3个容器中，分别倒入浓度为1000倍、2500倍、5000倍的水培营养液，放入已长出幼叶的大豆苗进行培育。根瘤的生长方式有什么不同呢？一起来数一数吧。

11. 从毛豆到大豆，还得加把劲儿！（P22—P23）

收获的大豆如果没有变质，不管是稍微被虫子咬过，还是有破裂的地方，都不会影响味道。有的大豆外观很漂亮，但用了大量杀虫剂等农药，反倒对健康和环境都不利。种植大豆时，要有一种“让给虫子一些也无妨”的态度！（不过，如果顺其自然，大豆就会被虫子吃光了！）

认真除虫的农田和完全放任不管的农田相比，收获的差距到底有多大呢？说不定能在实验中能得到有趣的发现。

12. 享用美味的毛豆和毛豆麻糬（P24–P25）

适合当毛豆吃的品种是茶豆。日本山形县鹤冈市的老爹茶豆、新潟县黑埼町产的茶豆都很有名。茶豆作为毛豆食用，最佳时节是盂兰盆节刚过的时候。茶豆在刚煮好时，外皮是带紫色调的浅茶色，因而得名。

毛豆麻糬是将毛豆磨碎，用砂糖和少许盐调味后涂在麻糬上制成的。毛豆麻糬不耐放，做好后需尽快食用。

磨碎的毛豆也会用在拌菜中，有紫萁拌毛豆、魔芋拌毛豆等。

13. 豆腐的美味比煮豆更胜一筹（P26–P27）

将大豆放在水里充分浸泡后，再磨碎就制成了豆浆。人们早在古代就开始喝豆浆了。在西方，人们为了摄取蛋白质而饮用牛奶，并且用牛奶制作奶酪等乳制品，形成了以牛奶为主的饮食文化。与此相对，在亚洲，人们饮用用大豆榨出的豆浆，将大豆煮好发酵制成豆酱、酱油和纳豆等，还用“盐卤”凝固剂使豆浆凝固制成豆腐，形成了以大豆为主的饮食文化。

“盐卤”原本是指熬煮海水析出食盐后的残留液体，主要成分包括氯化镁、硫酸镁和氯化钾等。今天，市场上出售的豆腐制作时使用了氯化镁等化学药品。既然要自己动手做豆腐，就要选用“天然盐卤”。

豆腐冷冻干燥后就成了冻豆腐，高温油炸后就是油炸豆腐。另外，塞入胡萝卜等蔬菜后，先煮再炸，就成为油炸豆腐团。豆浆加热后，形成一层蛋白质“膜”，晾干后就是千张。简简单单的一块豆腐，就能变化出丰富多彩的饮食文化。

另外，大豆发芽后，就成了“豆芽”。将收获的大豆放入干净的大桶等容器中，倒入清水让大豆的一半浸泡在水中，盖上盖子，置于温暖处存放。每天更换清水，一周后豆芽就长出来了。

还能用大豆制作味噌酱呢。下面介绍一种简单的味噌酱制作方法。

■ 味噌酱的制作方法

1. 取大豆1千克，用水充分浸泡一个晚上，连带泡大豆的水一起上火煮2~3小时。在煮的过程中，随时撇去浮沫，煮到大豆能用手指捏碎的程度。

2. 取600克酒曲和400克食盐混合。

3. 大豆煮好后剥出豆粒，用研杵等磨碎。如豆粒较硬，可拌入少许煮大豆的汤。

4. 在磨碎的大豆中拌入酒曲和食盐。

5. 将步骤4制成的大豆泥捏成丸子，用敲打的方式排出丸子中的空气，逐个装入消毒后的容器（酱缸、腌菜用的罐子等）。如果这个时候大豆泥中仍有空气残留，就容易发霉，一定要注意。

6. 全部装完并将表面弄平整后，撒上薄薄的一层盐覆盖整个表面，铺上事先在烧酒中浸泡过的“和纸”，再铺上一层消过毒的保鲜膜，防止空气进入，然后在保鲜膜上浇上烧酒。

7. 盖上容器的盖子，置于阴凉处存放。放置1个月左右，更换渗透了烧酒的“和纸”，以防发霉，再放置6个月至1年，美味的秘制味噌酱（即自制味噌酱）就做成了。如果生了霉菌，只要把发霉的部分去掉就没问题了！不要因为一点点霉菌就把味噌酱全部丢掉哦，那实在是太可惜了。

14. 大豆的顽强生命力令人叹服！（P28–P29）

大豆的豆荚不只能保护豆粒，还跟叶子一样，能进行光合作用，帮助豆粒成长得颗颗饱满。比方说，用红色的玻璃纸包住豆荚，使豆荚无法进行光合作用，然后与正常生长的豆荚进行比较，看看有什么不同？选好几株大豆，在其他条件都相同的情况下做这项实验。有条件的话，最好在几条田垄上反复实验。

15. 从亚洲走向世界的农作物（P30—P31）

或许大豆与水稻、麦子一样，从古代开始就成了人们的盘中餐。在开始人工栽培以前，也许当时的人们就已采摘野生大豆或蔓豆等野生豆类食用了。在日本，绳文时代遗址就有大豆出土。不过，我们并不知道这是不是人工栽培的大豆。

在日本，估计在弥生时代，人们就已开始种植原本野生的大豆和蔓豆了。并且，人们挑选豆粒更大的植株种植，将这些植株的豆粒作为第二年的种子培育，并经年累月地反复进行，就培育出了比野生大豆和蔓豆豆粒更大、更多的农作物大豆了。

在非洲等旱季（不下雨的时期）漫长的地区，全年都很难找到给家畜作饲料的植物，而且家畜的传染病和寄生虫频发，畜牧产业困难重重。大豆具有容易生长、蛋白质含量几乎与肉类相等的特性，今后在全球粮食紧缺的国家或地区将受到越来越多的关注。

当前，全球大豆产量的大部分来自美洲大陆，但是，美洲大陆的大豆种植历史远远不及亚洲。美洲大陆正式种植大豆是进入 20 世纪后才开始的，但之后种植面积迅速扩张，如图表所示。中国的大豆产量长期（大约几千年）占据全球第一，而在大约 50 年前被美国赶超，之后又被巴西超越，看来被阿根廷赶超只是时间问题。在美国，大豆最初的用途并非食用，而是作为家畜的饲料。大豆能够适应任何气候和土壤，所以，作为饲料得到了越来越广泛的应用。

在巴西、阿根廷、巴拉圭等南美洲国家，正式开始种植大豆是在大约 20~30 年前，比美国还晚。而且，很多地方都是第一次种植，大豆在南美洲还是新农作物的代表。据说是日本移民把大豆带到了巴西。之后，日本移民在大豆种植领域发挥了重要作用。比如，在巴拉圭的伊瓜苏地区，有日本人的移民居住地，当地的代表农作物就是大豆。看着成片的大豆田，吃着用田里收获的大豆做成的美味豆腐，想必每个人都会感慨万千吧。

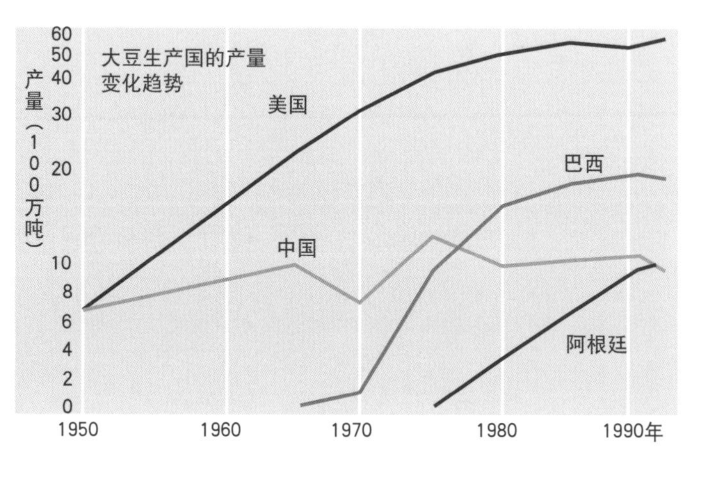

在巴拉圭伊瓜苏地区的日本移民居住地的大豆田

后记

在数百年乃至一千多年的漫长岁月中，祖先和我们都对用大豆制作的食品青睐有加。以大豆为原料制成的豆腐、纳豆、豆酱、酱油、毛豆和豆芽等，都是我们日常餐桌上不可缺少的食物。毛豆和豆芽到了任何人手里，都能轻松做出一道菜。豆腐的难度系数虽然高了一点，但也值得一试。说不定自己做的比从店里买的还要好吃呢。

大豆是土生土长的亚洲农作物，而今已在美洲大陆甚至世界各地广泛种植。在亚洲以外地区，大豆大多被用于榨取食用油。现在，越来越多的人开始研究大豆的食用方法，包括中国在内，亚洲的饮食文化也可能传播到全世界。如有机会到国外旅行，可以注意观察一下，届时一定会接触到大豆食品的。虽然同样是大豆，也会发现不同于中国的制作方法。

尝试种植大豆后，你会发现大豆有很多与水稻、小麦不同的特性。其中一项重要特性就是从空气中吸收氮作为营养，只需少量肥料即可生长。另外，大豆叶子的运动随阳光照射的情况而变化，大豆开的很多花都是谎花，诸如此类，稍加观察就能发现很多大豆的不可思议的特性。在大豆展现出来的现象中，还有很多未解之谜，希望大家都能以研究人员的态度认真思考这些特性。如有新的疑问或发现，一定要告诉我哦。我期待着大家的来信。

国分牧卫

图书在版编目（CIP）数据

画说大豆/（日）国分牧卫编文；（日）上野直大绘画；同文世纪组译；沈慧译．——北京：中国农业出版社，2022.1
（我的小小农场）
ISBN 978-7-109-27869-1

Ⅰ.①画… Ⅱ.①国…②上…③同…④沈… Ⅲ.①大豆－少儿读物 Ⅳ.①S565.1-49

中国版本图书馆CIP数据核字（2021）第022631号

国分牧卫（Kokubun Makie）

1950年出生于岩手县。东北大学农学部（作物学专业）毕业。农学博士。除了在农林水产省研究所（东北农业试验场、农业研究中心、国际农林水产业研究中心）进行大豆、水稻等农作物的研究，还从事与国外联合研究的策划及运营工作。论著包括《植物的世界——粮食作物》（朝日新闻社，合著）、《综合食品安全事典》（产业调查会出版中心，合著）等。

上野直大（Ueno Naohiro）

1965年出生于广岛。京都精华大学美术学部毕业。曾供职于设计事务所、画廊，后于1991年成为自由插图画家。主要工作包括海报、杂志插图、宣传册、童装印花设计等。

■写真をご提供いただいた方々
P22 タネバエ幼虫　アオクサカメムシ　澤田正明（千葉県暖地園芸試験場）
ハスモンヨトウ　木村　裕（元大阪府農林技術センター）
ホソヘリカメムシ　川村　満（元高知県農業技術センター）
■撮影協力
P10 ~ 11 品種提供　矢ヶ崎和弘（農林水産省農業研究センター）
■撮影
P10 ~ 11 各種品種　小倉隆人（写真家）
P22 ダイズ被害粒　倉持正実（写真家）
■参考文献
週刊朝日「植物の世界 72 ＿＿食糧としての作物」朝日新聞社 1995 国分牧衛
「マメと人間＿＿その一万年の歴史」古今書院 1987 前田和美

我的小小农场 ● 19

画说大豆

编　　文：【日】国分牧卫
绘　　画：【日】上野直大
编辑制作：【日】栗山淳编辑室

Sodatete Asobo Dai 2-shu 9 Daizu no Ehon

合同登记号：图字 01-2021-3830 号

责任编辑：刘彦博
责任校对：吴丽婷
翻　　译：同文世纪组译　沈慧译
设计制作：张　磊
出　　版：中国农业出版社
（北京市朝阳区麦子店街18号楼　邮政编码：100125　美少分社电话：010-59194987）
发　　行：中国农业出版社
印　　刷：北京华联印刷有限公司
开　　本：889mm × 1194mm　1/16
印　　张：2.75
字　　数：100千字
版　　次：2022年1月第1版　2022年1月北京第1次印刷
定　　价：39.80元

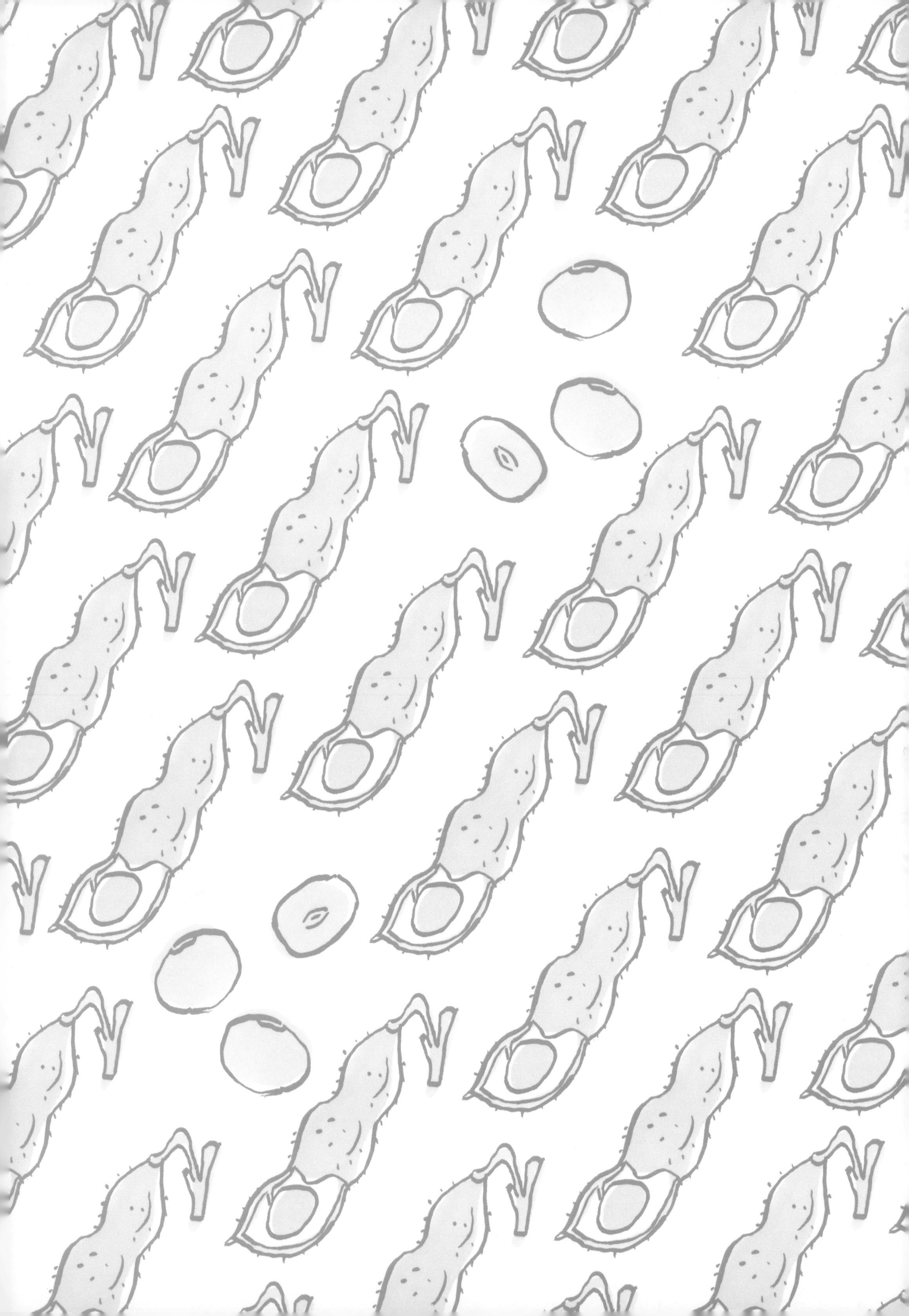